BEI GRIN MACHT SICH IHR WISSEN BEZAHLT

AF137256

- Wir veröffentlichen Ihre Hausarbeit,
  Bachelor- und Masterarbeit

- Ihr eigenes eBook und Buch -
  weltweit in allen wichtigen Shops

- Verdienen Sie an jedem Verkauf

Jetzt bei www.GRIN.com hochladen und kostenlos publizieren

Bibliografische Information der Deutschen Nationalbibliothek:

Die Deutsche Bibliothek verzeichnet diese Publikation in der Deutschen National-bibliografie; detaillierte bibliografische Daten sind im Internet über http://dnb.d-nb.de/ abrufbar.

Impressum:

Copyright © 2013 GRIN Verlag, Open Publishing GmbH
Druck und Bindung: Books on Demand GmbH, Norderstedt Germany
ISBN: 978-3-668-16137-5

Dieses Buch bei GRIN:

http://www.grin.com/de/e-book/316187/welche-zahl-ist-kleiner-beziehungsweise-groesser-zahlen-ordnen-und-vergleichen

Anonym

Welche Zahl ist kleiner beziehungsweise größer? Zahlen ordnen und vergleichen (Klasse 2, Arithmetik)

GRIN Verlag

GRIN - Your knowledge has value

Der GRIN Verlag publiziert seit 1998 wissenschaftliche Arbeiten von Studenten, Hochschullehrern und anderen Akademikern als eBook und gedrucktes Buch. Die Verlagswebsite www.grin.com ist die ideale Plattform zur Veröffentlichung von Hausarbeiten, Abschlussarbeiten, wissenschaftlichen Aufsätzen, Dissertationen und Fachbüchern.

Besuchen Sie uns im Internet:

http://www.grin.com/

http://www.facebook.com/grincom

http://www.twitter.com/grin_com

Ausführlicher Unterrichtsentwurf

zum Thema

„Welche Zahl ist kleiner bzw. größer?" –

Zahlen ordnen und vergleichen

Name: xxx

Schule: xxx

Klasse: 2 – 23 Schüler und Schülerinnen

Datum: xxx

Uhrzeit: 10.15 – 11.00 Uhr

Ausbilderin: xxx

Schulleiterin: xxx

Mentorin: xxx

Fach: Mathematik

1

Inhaltsverzeichnis

1. Überlegungen zu den Lernvoraussetzungen

1.1 Äußere Bedingungen

Die Grund- und Werkrealschule xxx befindet sich außerhalb des Stadtbezirks.

Die Grundschüler[1] stammen vorwiegend aus xxx, einige Werkrealschüler kommen aber auch aus den Einzugsgebieten xxx. Die Region ist mit vielen kleineren Ortschaften im Umfeld eher ländlich geprägt.

Das Kollegium der Schule besteht aus xx Lehrkräften. In der Schule werden derzeit xxx Schüler unterrichtet.

Die Grundschule ist zweizügig. Die Werkrealschule hingegen ist einzügig.

Der Unterrichtsbesuch in Mathematik findet dem Stundenplan zufolge in der vierten Stunde statt, also von 10.15-11.00Uhr. Die Schüler sitzen in drei Reihen mit frontal ausgerichteten Tischen zur Tafel. Die Sitzplätze einiger Schüler werden durch die Klassenlehrerin von Mal zu Mal geändert, damit die Schüler nicht stets denselben Sitznachbarn haben. Die entsprechende Sitzordnung behalte ich auch in den Mathematikstunden bei, falls keine Störungen auftreten. Ansonsten werden die Schüler von mir für die jeweilige Stunde umgesetzt.

1.2 Bedingungen der Lerngruppe

Die Klasse 2 besteht aus 23 Schülern, wovon elf Jungen und zwölf Mädchen sind. Somit ist das Geschlechterverhältnis ausgewogen.

Insgesamt ist das soziale Klima in der Klasse - trotz ab und zu eintretender Streitigkeiten, die sich nach Aussprache klären lassen - harmonisch. Auch zu mir als Lehrkraft hat die Klasse ein gutes Verhältnis. Die Schüler sind lernfreudig und gegenüber ihren Mitschülern hilfsbereit. Der Leitungsstand der Klasse ist recht heterogen. Zu den leistungsstärksten Schülern im Mathematikunterricht gehören R. und J.. Diese Schüler bekommen von mir häufig Aufgaben, die besonders herausfordernd sind, wie z.B. offene Aufgaben. J. und B. gehören zu den leistungsschwächeren Schülern im Mathematikunterricht. Ich versuche diese Schüler immer im Auge zu behalten, weil beide oftmals meine Unterstützung benötigen. Ein Schüler, F., neigt speziell dazu, den Unterricht zu stören. Bei ihm wird von mir also besonders darauf geachtet, dass er die vereinbarten Regeln einhält.

Bereits bekannte Arbeits- und Sozialformen sind der Frontalunterricht, Einzel- und

---

1 Aufgrund der besseren Lesbarkeit verwende ich im Folgenden stets nur die männliche Form „Schüler": Natürlich sind Schülerinnen in diese Bezeichnung miteinbezogen.

Partnerarbeit und das Bilden eines Stuhl(halb)kreises. Aufgrund des relativ unterschiedlichen Arbeitstempos wurde das Arbeiten mit Selbstkontrolle eingeführt.

Die Schüler sind außerdem mit folgenden Ritualen vertraut:

Die Begrüßung in der Mathematikstunde erfolgt durch einen Klatschrhythmus. Die Lehrerin fängt an die Schüler mit einem sich wiederholenden Rhythmus zu begrüßen und die Schüler antworten darauf mit dem entsprechenden Text. Um Arbeitsphasen zu beenden, wird die Triangel eingesetzt. Bei drei Schlägen sitzen die Schüler an ihren Plätzen und geben ein Handzeichen. Danach zählt die Lehrerin von drei runter bis zur null. Ein ebenfalls wichtiges Ritual bei Störungen ist der Einsatz der gelben und roten Karte. Wer durch Unterrichtsstörungen auffällt wird zuerst mit der gelben Karte verwarnt. Eine weitere Störung zieht die rote Karte bzw. eine Strafarbeit als Konsequenz nach sich.

2. Didaktische Überlegungen

2.1 Didaktische Begründung

Im zweiten Schuljahr des Arithmetikunterrichts wird der Zahlenraum bis 100 erweitert. Deshalb ist es wichtig, dass die Schüler eine Größenvorstellung entwickeln und sich im erweiterten Zahlenraum orientieren können.

Im täglichen Gebrauch können viele Gegenstände der Länge nach geordnet werden, wie z.B. Stifte oder Kerzen. In der Schule werden oft Steckwürfeltürme gebaut und der Länge nach geordnet oder miteinander verglichen. Das sind konkrete Handlungen, die die Kinder durchführen. Allerdings sollten die Schüler auch eine lineare Vorstellung von der Zahlenreihe haben. Hilfreich hierfür ist die Arbeit mit dem Zahlenstrahl, weil die Zahlen „immer um eins weiter" größer werden. Zahlen können zu Skalenwerten zugeordnet werden, die durch Striche eindeutig bestimmbar sind. Der Zahlenstrahl ist während der gesamten Grundschulzeit und darüber hinaus auch in der Sekundarstufe einsetzbar und immer wieder erweiterbar. Mit dessen Hilfe können z.B. die Nachbarzahlen, Nachbarzehner sowie das Ordnen und Vergleichen von Zahlen thematisiert und eingeübt werden. Durch die lineare Anordnung der Zahlen am Zahlenstrahl sollen mentale Vorstellungen entstehen bzw. sich nach und nach entwickeln. So kann bei der Erweiterung des Zahlenraums über die natürlichen Zahlen hinaus, z.B. bei der Einführung von Bruchzahlen, das mathematische Denken und Verstehen mit dem Zahlenstrahl unterstützt werden. Mit dem Zahlenstrahl kann also kontinuierlich das Wissen der Schüler erweitert werden. Außerdem wird die „Unendlichkeit" der Zahlen durch den Zahlenstrahl ausgedrückt.

2.2 Bezug zum Bildungsplan

Den zentralen Aufgaben des Mathematikunterrichts zufolge soll „[...] den Kindern Freude an mathematischem Lernen und Arbeiten durch eine motivierende, fordernde und fördernde Unterrichtskultur [...]" (Ministerium für Kultus, Jugend und Sport, 2004, S.54) vermittelt werden. Durch die Rätselform der verschiedenen Aufgaben soll gewährleistet werden, dass die Motivation der Schüler geweckt wird. Durch die unterschiedlichen Schwierigkeitsgrade der Aufgaben sollen die Schüler sowohl gefördert als auch gefordert werden. Mithilfe des Zahlenstrahls als „[...] didaktisch ausgewählte[s] Arbeitsmittel [...]" (ebd.) werden „[...] unter mathematischer Fragestellung [...]" (ebd.) Zahlenbeziehungen veranschaulicht. Ein „solides Zahlverständnis" (ebd.) wird im Bildungsplan als Komponente des mathematischen Grundwissens genannt. Durch die Unterrichtsstunde soll zu einem solchen Verständnis beigetragen werden.

Die Schüler sollen am Ende von Klasse 2 die im Bildungsplan veranschlagten Kompetenzen erreicht haben. Für das Thema „Welche Zahl ist größer bzw. kleiner? – Zahlen mithilfe des Zahlenstrahls ordnen und vergleichen" strebe ich die unter der Leitidee „Zahl" beinhalteten Kompetenzen an:

- Die Schülerinnen und Schüler können Zahlen lesen [und] sprechen [...].
- Die Schülerinnen und Schüler können sich Zahlen mithilfe didaktisch strukturierten Materials vorstellen.
- Die Schülerinnen und Schüler können Zahlen vergleichen [...] und zueinander in Beziehung setzen.

  (ebd., S.58)

Diese Unterrichtseinheit verfolgt das Ziel, den Zahlenraum bis 100 unter ordinalem Aspekt fortzusetzen. Der Aufbau dieser Einheit ist wie folgt geplant:

Stunde	Themen
1.	„Wir zerschneiden die Hundertertafel" – Von der Hundertertafel zum Zahlenstrahl
2.	„Wir finden vorgegebene Zahlen am Zahlenstrahl" – Orientierung am Zahlenstrahl
3.	„Wir suchen die Nachbarzahlen und die Nachbarzehner" – Bestimmung von Nachbarzahlen und Nachbarzehnern
4.	**„Welche Zahl ist kleiner bzw. größer?" – Zahlen ordnen und vergleichen**
5.	„Wo befinden sich die Zahlen auf dem leeren Zahlenstrahl?" – Schätzendes Zuordnen von Zahlen
6.	Wiederholung – Zahlen benennen, Nachbarzahlen und Nachbarzehner finden, Zahlen ordnen und vergleichen

2.4 Stundenziele

Aus den genannten Kompetenzen des Bildungsplans leite ich folgende Stundenziele ab:

Die Schülerinnen und Schüler

- benennen Zahlen und ordnen diese am Zahlenstrahl.
- vergleichen Zahlen der Größe nach miteinander.
- verwenden das > bzw. < Zeichen im Umgang mit Zahlen.

3. Sachanalyse

In die Menge der natürlichen Zahlen IN sind die Zahlen 0; 1; 2; 3... usw. eingeschlossen. Die natürlichen Zahlen können auf dem Zahlenstrahl abgebildet werden. Der Anfangspunkt wird dabei mit 0 bezeichnet und der Zahlenstrahl wird in jeweils gleiche Abstände unterteilt (vgl. Rolles, Unger 2008, S.36). Es gibt z.b. den teilweise beschrifteten Zahlenstrahl, bei dem die Fünfer- und Zehnerzahlen hervorgehoben sind und dadurch in der Zahlenreihe erkennbar werden. Die Zehner sind vollständig beschriftet. Jeder Strich auf dem Zahlenstrahl ist eindeutig einer Zahl zugeordnet. Mehrdeutigkeit kann somit ausgeschlossen werden, weil der Abstand zwischen den Zahlen stets 1 beträgt. (vgl. Krauthausen, Scherer 2007, S.252). Somit sind die Zahlen am Zahlenstrahl „linear der Größe nach nebeneinander angeordnet" (Padberg 2005, S.68). Von zwei verschiedenen Zahlen ist diejenige größer, die weiter rechts am Zahlenstrahl steht. Die Zahlen können am Zahlenstrahl gut miteinander verglichen werden, weil z.B. die Kleiner-Relation „...liegt links von..." gut sichtbar ist. Für die Kleiner bzw. Größer-Relation gibt es in der Mathematik ein festgelegtes Zeichen: Wenn a kleiner als b ist, so schreibt man $a < b$ und daraus folgt, dass b größer als a ist, also $b > a$. Wenn beide Zahlen gleich groß sind, so wird $a = b$ geschrieben. Wichtig ist dabei folgendes: „Zwischen zwei natürlichen Zahlen a und b gilt eine (und nur eine) der [...] Beziehungen." (Rolles, Unger 2008, S.37). Für die Relationen gilt zusätzlich die Transitivität, also wenn $a < b < c$, so folgt $a < c$.

Außer der Kleiner bzw. Größer-Relation lässt sich am Zahlenstrahl mit vielen Zahlaspekten arbeiten: Hierzu gehören der Maßzahl-, Ordnungszahl-, Kardinalzahl- und Zählzahlaspekt. Aufgrund dieser Vielfalt der Zahlaspekte stellt der Zahlenstrahl ein Arbeitsmittel dar, das einen hohen Abstraktionsgrad aufweist. (vgl. Padberg 2005, S.68) Der Zahlenstrahl kann außerdem ohne Skala benutzt werden. Dann wird vom „leeren Zahlenstrahl oder Rechenstrich" (ebd.) gesprochen.

4. Methodische Überlegungen

4.1 Einstieg

Die Mathematikstunde beginnt mit einem Klatschrhythmus, in dem ich die Schüler begrüße und die Schüler meinen Gruß erwidern. Ich klatsche so lange, bis alle Schüler mitmachen. Erst dann beginnt parallel dazu der Begrüßungstext. Danach stelle ich den heutigen Besuch vor.

Ich hefte die Bildkarte zum Bilden des Stuhlhalbkreises an die Tafel und warte, bis alle Schüler ihren Platz im Halbkreis einnehmen. Zu Beginn lege ich eine blau-weiß gestreifte Schachtel in die Mitte des Halbkreises. Nachdem ein Schüler den Namen der Schachtel - also „Zahlenrätsel" - vorgelesen hat, frage ich, was denn ein Rätsel überhaupt ist. Es ist durchaus möglich, dass einige Schüler bisher keine Rätsel gelöst haben und daher nicht mit dem Wort vertraut sind. Daher ist mir die Klärung des Begriffs wichtig. Danach bitte ich einen Schüler, die Schachtel zu öffnen. Nachdem ein Briefumschlag mit einem Fragezeichen erscheint und sich darunter noch eine Schachtel mit dem gleichen Deckel befindet, werden einige Kinder überrascht sein. Ich bitte das Kind darum, mir den Umschlag zu geben.

Alternativ hätte ich auch eine Spielpuppe nehmen können, die vorgibt, gerne Rätsel zu lösen. Sie könnte der Klasse ein Rätsel aufgeben. Dieser Einstieg wäre ebenfalls motivierend für die Kinder. Allerdings will ich mit den drei Schachteln die Spannung steigern und Schritt für Schritt die Aufgabe lösen. Da ich die Spielpuppe nicht mehrmals einsetzen und die Aufgabe auch nicht in einem Zug lösen wollte, habe ich mich bewusst gegen diese Variante entschieden.

Eine andere Möglichkeit wäre mit einem stummen Impuls einzusteigen. Die Kinder könnten – wie auch in dieser Unterrichtsstunde – im Stuhlhalbkreis sitzen. Danach würde ich die Tafel aufklappen. Zu sehen wäre ein Zahlenstrahl und um diesen herum viele Zahlenkärtchen, die nicht geordnet sind. Die Schüler könnten, ohne meine Aufforderung, die Zahlen an den richtigen Platz am Zahlenstrahl zuordnen. Dieses Vorgehen wäre durchaus denkbar, aber weniger motivierend als der Einstieg der von mir geplanten Unterrichtsstunde.

Anschließend fange ich an, den ersten Satz des ersten Rätsels vorzulesen: „Im Umschlag da sind verschiedene Zahlen [...]". Diese Zahlenkärtchen hole ich aus dem Umschlag heraus und hefte sie willkürlich unter den Zahlenstrahl an die Tafel. Danach lese ich das Rätsel weiter. Im Anschluss frage ich die Schüler, wer dieses Rätsel lösen kann. Mir ist bei dieser Aufgabe besonders wichtig, dass die Schüler die Zahlen der Größe nach ordnen. So sehen sie, dass die Zahlen am Zahlenstrahl von links nach rechts größer werden. Danach bitte ich einen Schüler, die zweite Schachtel zu öffnen. Auch hierin befindet sich ein Briefumschlag. Ich lese das nächste Rätsel vor und rufe zwei Schüler auf, die die Zahlen abwechselnd der Größe nach vergleichen. Anschließend hole das mathematische Zeichen > bzw. < heraus und fordere die Schüler auf, dieses zwischen die Zahlen zu setzen. Die Wiederholung dieses Zeichens ist mir wichtig, damit die Schüler die Aufgaben zu den Größer-Kleiner-Relationen im noch folgenden Rätsel-Buch lösen können. Danach folgt das letzte Rätsel in dieser Phase. Dieses befindet sich in der letzten Schachtel, worin auch die Rätsel-Bücher liegen. Auch dieser Brief wird von mir vorgelesen. Die Schüler lösen das Rätsel, indem sie die Zahlenkärtchen an der Tafel umdrehen. Das Lösungswort „Mütze" erscheint und wird von mir als Bildkarte an die Tafel geheftet. Anschließend hole ich ein Zahlen-Buch aus der Kiste und blättere das Deckblatt um. Ich sage, dass die Vorgehensweise dieselbe wie eben ist, also die Schüler die Zahlenkärtchen am Zahlenstrahl ordnen und dann abwechselnd vergleichen sollen. Ein Schüler wiederholt dann mündlich den Arbeitsauftrag für die ganze Klasse. Danach gehen die Schüler zurück an ihren Platz. Der Austeildienst verteilt die Rätsel-Bücher und ich teile die Zahlenkärtchen aus.

Die Schüler bearbeiten mit dem Partner die Aufgabe. Eine Schülerin namens **Y.** sitzt alleine und hat keinen Nachbarn. Sie wird sich zu einem anderen Tisch mit dazusetzen. Diese Gruppe erhält von mir ebenfalls sechs Zahlenkärtchen, allerdings in drei verschiedenen Farben, damit alle Schüler die Gelegenheit zum Sprechen haben. So hat jedes Kind die Möglichkeit, die Zahlen am Zahlenstrahl zu sehen und anschließend die Kleiner-Relation zu verbalisieren. Diese Aufgabenschritte dienen auch zur Vorbereitung auf das Rätsel-Buch. Die Schüler, die fertig sind mit dem Vergleichen, drehen die Kärtchen um. Wenn alle Zahlen richtig am Zahlenstrahl angeordnet sind, erscheint das Lösungswort

„Socken". Somit haben die Schüler eine Selbstkontrolle. Dieses Wort tragen sie nun auf die erste Seite im Rätsel-Buch ein.

Alternativ hätte ich auch die Phase weglassen können, weil im Stuhlhalbkreis das Ordnen und Vergleichen besprochen wurde. Mir ist aber wichtig, dass jedes Kind zum Sprechen kommt und so die Beziehung zwischen den Zahlen erkennt.

4.4 Übung mit Ergebnissicherung

Nach der Partnerarbeit blättern die Schüler in ihrem Rätsel-Buch weiter und lösen die nächste Aufgabe. Die Aufgaben sind jeweils als Rätsel verpackt. Dadurch sollen die Schüler zusätzlich zur Bearbeitung der Aufgaben motiviert werden, da Rätsel von Kindern gerne gelöst werden. Die Aufgaben haben immer verschiedene Schwierigkeitsgrade: Im ersten Arbeitsblatt, das in Einzelarbeit gelöst werden soll, sind verschiedene Zahlenkärtchen angeordnet. Diese sollen der Größe nach geordnet werden. Der enaktive Umgang mit den Zahlenkärtchen ist bei dieser Aufgabe somit nicht möglich. Bei Abschluss der Aufgabe werden die Ergebnisse an der Tafel kontrolliert und das Lösungswort übertragen. Im nächsten Blatt müssen die > bzw. < Zeichen gesetzten werden. Danach folgt das Zahlenrätsel. In diesem werden Beziehungen zwischen den Zahlen erfragt. Das letzte Arbeitsblatt beinhaltet eine offene Aufgabe. Dementsprechend sind verschiedene Ergebnisse zulässig. Außerdem bieten sich hier mehrere Lösungswörter an.
Die Arbeit beende ich mit drei Schlägen an der Triangel.

Diese Phase könnte auch als eine Lerntheke aufbereitet werden. Dann könnten sich die Schüler die Reihenfolge der Aufgaben selbst aussuchen. Ich habe mich gegen diese Variante entschieden, weil das Klassenzimmer nicht genügend Platz bietet. Der Platz an den Fenstern sollte frei bleiben. Die Schüler sind außerdem mit der Lerntheke noch nicht vertraut.

4.5 Abschluss

Die Auflösung des die gesamte Stunde umspannenden Rätsels erfolgt dann in der letzten Phase mithilfe der verschiedenen Lösungswörter der einzelnen Aufgaben:
Ich frage nacheinander nach den Lösungswörtern und hefte dementsprechend die Bildkarten an die Tafel. Das Lösungswort „winzig" wird von den Schülern nur erwähnt. Nach dem Zusammensetzen der Bildkarten erscheint an der Tafel ein Zwerg. Dieser wird von mir als „Rechen-Zwerg" bezeichnet. So wird inhaltlich der Bogen zum Anfang der Stunde gespannt.

Verlaufsplanung

Name: xx
Klasse: 2

Mentorin: xx
Zeit: 10.15Uhr – 11.00Uhr

Fach: Mathematik

Thema der Unterrichtssequenz: **„Welche Zahl ist kleiner bzw. größer?" - Zahlen ordnen und vergleichen**

Angebahnte Kompetenzen:

- Die Schüler können Zahlen lesen [und] sprechen […].
- Die Schüler können sich Zahlen mithilfe didaktisch strukturierten Materials vorstellen.
- Die Schüler können Zahlen vergleichen […] und zueinander in Beziehung setzen.

Ziele:

- Die Schüler benennen Zahlen und ordnen diese am Zahlenstrahl.
- Die Schüler vergleichen Zahlen der Größe nach miteinander.
- Die Schüler verwenden das > bzw. < Zeichen im Umgang mit Zahlen.

Phase / Zeit	Sozialform	Unterrichtsgeschehen	Methodisch-didaktischer Kommentar	Medien
10.15-10.19Uhr (ca. 4 min) Einstieg	Stuhlhalbkreis	Begrüßung der L. und SuS erfolgt durch ritualisierten Klatschrhythmus. Vorstellung des Besuchs durch L... L. heftet die Bildkarte für den Stuhlhalbkreis an die Tafel. Die S. bilden einen Stuhlhalbkreis. L. legt eine Schachtel in die Mitte des Halbkreises und klärt das Wort „Rätsel". Danach ruft sie einen S. auf, um die Schachtel zu öffnen. Es erscheint ein Briefumschlag mit einem Fragezeichen. L. bittet, diesen ihr zu geben.	Verblüffung und Steigerung der Spannung	Bildkarte: Stuhlhalbkreis, drei ineinander gestellte Schachteln, Briefumschlag mit Rätsel und Zahlenkärtchen
Erarbeitung I (ca. 10min)	Stuhlhalbkreis	**Gelenkstelle:**„Was ist denn das? Ist da vielleicht ein Rätsel drin?" Das erste Rätsel wird gelöst: Die weißen und blauen Zahlenkärtchen im Briefumschlag werden	Die Zahlen werden der Größe nach geordnet Vergleich der Zahlen mit	Tafel, Zahlenstrahl, weiße und blaue Zahlenkärtchen,

Phase	Sozialform	Verlauf	Didaktischer Kommentar	Material
		von der L. ungeordnet an die Tafel geheftet. Die S. ordnen sie der Größe nach. Im zweiten Rätsel vergleichen zwei S. die weißen und blauen Zahlenkärtchen miteinander. Im dritten Rätsel erscheint das Lösungswort „Mütze". L. hängt das Bild an die Tafel. Danach verweist die L. auf die Rätsel-Bücher, die sich ebenfalls in der Schachtel befinden und erklärt die Vorgehensweise. **Gelenkstelle:** „Die erste Aufgabe löst ihr in Partnerarbeit. Die funktioniert genauso wie gerade eben. Ihr kriegt pro Tisch sechs Zahlenkärtchen und einen Zahlenstrahl. Die ordnet ihr der Größe nach am Zahlenstrahl an. Wenn ihr fertig seid, dreht ihr die Kärtchen um und seht das Lösungswort. Die übrigen Aufgaben macht ihr dann alleine im Rätsel-Buch weiter." Sie lässt einen S. den Arbeitsauftrag wiederholen. Die S. gehen zurück an den Platz. Der Austeildienst kommt vor und verteilt die Rätsel-Bücher. L. teilt Zahlenkärtchen und Zahlenstrahl aus.	Versprachlichung Klärung des weiteren Verlaufs der Stunde	drei ineinander verschachtelte Kisten, drei Briefe, 23 Rätsel-Bücher, Mütze als Bildkarte
Erarbeitung II (ca. 8min)	Partnerarbeit	Die S. ordnen ihre Zahlenkärtchen am Zahlenstrahl an und vergleichen abwechselnd die Zahlen miteinander. Nach Abschluss der Aufgabe drehen sie die Zahlen um und das Lösungswort „Socken" erscheint.	Verbalisierung	23 Rätsel-Bücher, Zahlenstrahl, Zahlenkärtchen
Übung mit Ergebnissicherung (ca. 20min)	Einzelarbeit	Die SuS blättern um und bearbeiten im Rätsel-Buch die nächsten Aufgaben.	Differenzierung mithilfe der verschiedenen Aufgaben im Rätsel-Buch	Rätsel-Bücher, zwei Lösungsblätter, Tafel, zwei Magnete,

		L. beendet die Phase mit drei Schlägen an der Triangel.	Als Kontrolle dient ein Lösungsblatt bzw. das Lösungswort erscheint nach Abschluss der Aufgabe.	Triangel
Abschluss (ca. 3min)	Plenum	**Gelenkstelle:** „Nun wissen wir noch nicht, wer uns die ganzen Rätsel gestellt hat. Vielleicht helfen uns ja die Lösungswörter weiter." L. lässt nacheinander die Lösungswörter aufsagen und heftet dementsprechend die Bildkarten an die Tafel. Am Ende erscheint ein „Rechen-Zwerg".	→ roter Faden	Rechen-Zwerg: Mütze, Socken, große Nase, Bart (als Bildkarten)

6. Literaturverzeichnis

Bossek, H. / Eichler, K-P: Duden Mathematik Basiswissen Schule. Hrsg. Rolles, G. / Unger, M. Dudenverlag. 3. Auflage. Berlin, Frankfurt. 2008.

Krauthausen, G. / Scherer, P.: Einführung in die Mathematikdidaktik. Spektrum Akademischer Verlag. 3. Auflage. München. 2007.

Padberg, F.: Didaktik der Arithmetik für Lehrerausbildung und Lehrerfortbildung. Spektrum Akademischer Verlag. 3. Auflage. München. 2005.

Ministerium für Kultus Jugend und Sport: Bildungsplan für die Grundschule 2004. Neckar-Verlag. Villingen-Schwenninngen. 2004.

Rätsel-Buch

Mein Name:

_____

1

<u>Partnerarbeit:</u>

1) Nimmt einen **Zahlenstrahl**.

Ordnet die Zahlenkarten nach der Größe.

2) Ein Kind nimmt blau, ein Kind nimmt weiß.

Vergleicht die Zahlen der Größe nach miteinander.

Dreht die Karten um!

Lösungswort: _____

15

1) Ordne die Zahlen der Größe nach. Fange mit der kleinsten Zahl an.

a) 7 27 25 72

7, 25, _____

b) 9 91 19 90

_____

c) 16 28 7 86

_____

d) 12 32 21 23

_____

e) 51 15 52 25

_____

f) 77 88 70 87

_____

2) Vergleiche deine Ergebnisse an der Tafel.

Schaue unter das rote Blatt!

Lösungswort: _____

1) Setze ein: > oder <

a) 25 ◯ 52
46 ◯ 40
33 ◯ 32

44 ◯ 53
63 ◯ 35
54 ◯ 45

b) 87 ◯ 90
53 ◯ 35
91 ◯ 19

24 ◯ 42
72 ◯ 84
48 ◯ 39

c) 68 ◯ 59
73 ◯ 92
56 ◯ 47

38 ◯ 83
82 ◯ 28
97 ◯ 79

d) 76 ◯ 67
24 ◯ 12
96 ◯ 99

52 ◯ 45
47 ◯ 74
65 ◯ 92

2) Vergleiche deine Ergebnisse an der Tafel.

Schaue unter das rote Blatt!

Lösungswort: _____

Zahlenrätsel

a) Meine Zahl ist größer als 52 und kleiner als 54.

53 w

b) Du findest meine Zahl in der Mitte zwischen 80 und 90.

☐

c) Meine Zahl ist um 5 kleiner als 100.

☐

d) Meine Zahl steht genau in der Mitte zwischen 0 und 100.

☐

e) Meine Zahl ist um 3 größer als 68.

☐

f) Meine Zahl steht zwischen 30 und 40. Sie hat 7 Einer.

☐

Finde die richtigen Ergebniszahlen und trage die Buchstaben ein:

| 37 g | 53 w | 50 z | 85 i | 95 n | 71 i |

Lösungswort: w _____

---

1) Suche jeweils vier passende Zahlen.

a) 70 > 63, 45, _____

30 > _____

40 > _____

b) 91 > _____

74 > _____

26 > _____

c) 43 < _____

68 < _____

59 < _____

d) 52 < _____

83 > _____

79 > _____

2) Vergleiche deine Ergebnisse am Zahlenstrahl!

Was glaubst du, wer ich bin?

7.2 Rätsel

1. Rätsel:

Im Umschlag da sind verschiedene Zahlen
Es gibt Zahlen, die sind größer,
es gibt Zahlen, die sind kleiner,
und mit diesen Zahlen will ich sehn'
wie können diese Zahlen in einer Reihe stehn'?
Ordne die Zahlen der Größe nach! Fange mit der kleinsten Zahl an.

2. Rätsel

Hervorragend habt ihr das gemacht,
doch könnt ihr auch die Zahlen von klein nach groß vergleichen?
Ein Tipp dazu:
Vergleiche immer blau mit weiß,
ein Kind nimmt blau,
ein Kind nimmt weiß.

Ich habe euch noch etwas mitgebracht:
Doch wie rum kommt dieses Zeichen.

3. Rätsel

Nun wollt ihr sicher wissen, wer ich bin,
d'rum schaut nun ein bisschen genauer hin:
dreht alle Zahlen um gleich hier,
und ihr erfahrt etwas von mir.

Um zu wissen, wer ich wirklich bin,
kriegt jeder ein Zahlenbüchlein mit vielen Rätseln drin,
bekommt ihr auch alle Rätsel gut hin,
so zeig ich, wer ich wirklich bin.
Rate nicht vorweg,
denn sonst bleibe ich in meinem Versteck!

Zahlenkärtchen für die Tafel (verkleinerte Version) :

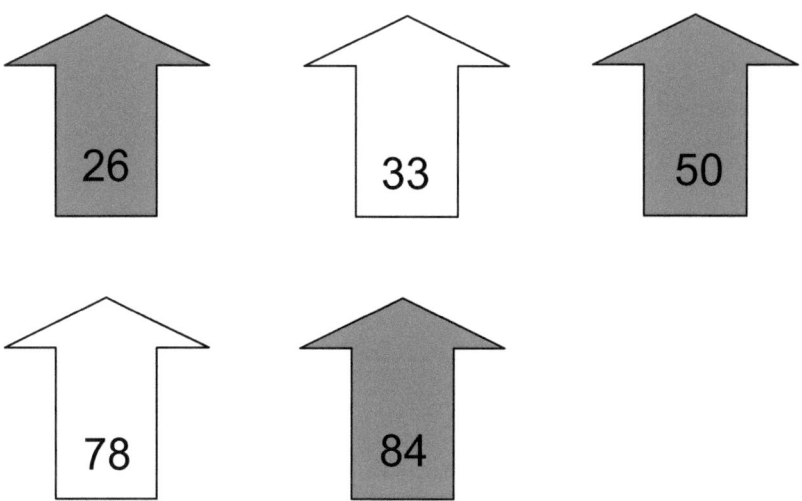

Wenn die Zahlenkärtchen umgedreht werden, erscheint das Lösungswort „Mütze"

Zahlenkärtchen für die Partnerarbeit:

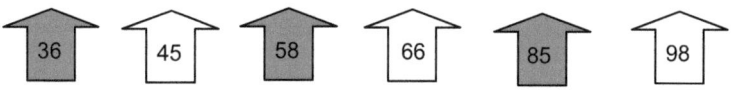

Das Lösungswort „Socken" kommt bei diesem Rätsel heraus.

<u>7.4 „Rechen-Zwerg"</u>

(Der „Rechen-Zwerg" wurde von mir angemalt und in verschiedene Teile zerschnitten.)

(Bild von einem Zwerg)

<u>7.5 Tafelbild</u>

Bild-karte		
	Zahlenstrahl	
	5 Pfeile, die angeordnet werden	
2	2 3	3
(Lösungen)